U0171512

著 ▶ [马来西亚] 周文杰

绘 ▶ [马来西亚] 氧气工作室

X探险特工队 科学漫画书

异星狩猎者

宇宙

海峡出版发行集团
THE STRAITS PUBLISHING & DISTRIBUTING GROUP

福建科学技术出版社
FUJIAN SCIENCE & TECHNOLOGY PUBLISHING HOUSE

序

　　世界之大，无奇不有。我们生存的地球上依然有许多未解之谜，更何况是神秘莫测、犹如大迷宫的宇宙呢？虽然现今日新月异的科学技术已发展到很高的程度，人类不断运用科学技术解开了许许多多谜团，但是还有很多谜团难以得到圆满解答，比如宇宙，以现今的技术只能窥探出其中的一小部分。

　　从古至今，科学家们不断奋斗，解开了各种奥秘，同时也发现了更多新的问题，又开启了新的挑战。正如达尔文所说："我们认识越多自然界的固有规律，奇妙的自然界对于我们而言就越显得不可思议。"人类的探索永无止境，这也推动着科学的发展。

　　"X探险特工队科学漫画书"系列在各个漫画章节中穿插了丰富的科普知识，并以浅显易懂的文字和图片为小读者解说。精彩的对决就此展开，人类能否战胜外星生物呢？

人物介绍

X-VENTURE TERRAN DEFENDERS

石头

诚实可靠，且非常擅长维修机器，食量大，对昆虫着迷。

小尚

分析力强且聪明冷静，致命弱点是害怕昆虫。

小宇

好奇心重的英雄主义者，性格冲动，但具有百折不挠的精神。

艾美丽

聪明、爱美的电脑高手,平时很严厉,私下却很关心同伴。

达文西博士

国家科学研究院教授。学识渊博,喜爱冒险,但生性懒散。

楚

隐居在墨西哥下水道的外星人,民间称呼他们为"地鼠人"。

戴安娜

研究室基地行政人员,教授的得力助手,是一位成熟、美丽、大方的女人。

小S

博士发明的小机器人,有扫描、分析、记录、摄影、通信、开启保护罩等功能的超级微型电脑。

目录

＊本故事纯属虚构

第1章
我的爸爸不是去宇宙旅行？

某座无人岛

辘辘

艾美丽……

只是去趟异星调查局，就不必盛装打扮了吧？

第一次去，总不能太失礼。

谁叫我是中途加入的，不然一早就跟你们去参观基地了。

都是因为我跟柔柔她们去旅行，才错过了加入你们的时间。

隆隆

002

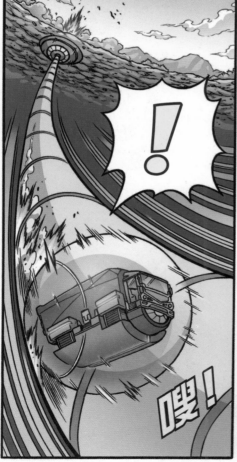

007

但是并非所有的重机战士都可以加入异星调查局，

只有经过异星调查局局长筛选批准的队伍才可以加入。

这里的局长该不会是外星人吧？

不懂，我们还没见过他。

对了，这部根据黑衣人组织拍的电影，你看过吗？很好看！

ALIEN

……

各位，别忘了我们来这里的目的……

那就是补充武器装备！

奥斯顿！

自由战鹰队也来了！

嗯，因为前辈被召唤来开会了。

其他国家的重机战士还好吗？

在前辈的带领下，成绩还算不错。

是你们啊！

不过你们的成绩马上就要变差了，就像在重机战队时一样。

介绍给我认识啊！

又来了……

少来了，你们的成绩什么时候超越过我们？而且在那之前……

011

你们就会被辞退，然后记忆也会被消除，阿空的儿子。

艾玛局长！

这个邋遢的女人就是局长？

她认识阿空？

关于阿空的事情，她知道多少呢？

你也认识我爸爸吗？

当然！

你老爸是个好奇心旺盛，什么都想研究一番的家伙！

跟你一样，总爱惹麻烦，还自己搞失踪了！

失踪？

胡说，达文西博士说我爸爸是去宇宙旅行了！

达文西？

当时就是叫"达文西"的家伙录的口供！

他大概是不想让你伤心吧！

不过……你爸爸的确是个天才。

因为研究黑洞而被吸走了，真的好可惜。

艾玛局长，请你也别在开会途中玩失踪了。

我最害怕的助手出现了！

而且你有很多文件还没处理。

我不工作！

你逃不掉的！

……

达文西博士，这是怎么回事？

溜了。

唉？

臭博士，给我回来解释清楚！

别管小宇和博士了。

玛丽琳，最近都没有等级高一点的任务吗？

抱歉，等级高的任务都被其他队伍接了。

目前只剩下一个新任务，我把它上传到任务栏了。

补充完毕！

呼

唔……

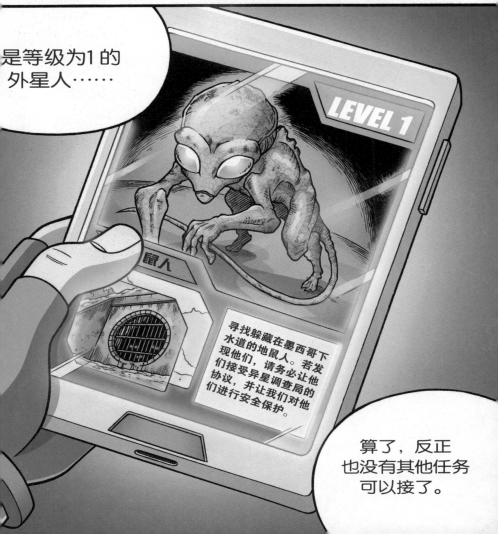

是等级为1的外星人……

LEVEL 1

鼠人

寻找躲藏在墨西哥下水道的地鼠人。若发现他们，请务必让他们接受异星调查局的协议，并让我们对他们进行安全保护。

算了，反正也没有其他任务可以接了。

下水道

下水道是城市公共设施之一，为建筑物排出污水和雨水的管道。
这些污水会经由下水道运往污水处理厂处理，早在古罗马时期就
有这个设施。下水道可以分为公共下水道（家庭排出的污水通道）、
专用下水道（工厂排出的污水通道）和雨水下水道（雨水排出的通道，
雨水通常直接流入河流或海洋）。

最宏伟的下水道——马克西姆下水道

位于古罗马城地下的马克西姆下水
道建于公元前6世纪左右，为世界上
最早的污水处理系统之一。该下水
道直通台伯河，能够将古罗马城内7
条流经城市的下水道的污水排出。
已经有2500年历史的马克西姆下水
道至今仍然在使用。

▶ 这是马克西姆下水道其中一个排水口。

工业革命七大奇迹之一——伦敦下水道

工业革命后，伦敦的人口暴增，但缺乏污水处理系统，导致死于霍乱的人数超过
14000人。当地政府从1859年开始着手建造下水道工程，并于1865年完工。该下水道全
长达2000千米。自从污水全被排出后，伦敦再也没有霍乱发生。

当时的人们
都把污水往河里倒，
造成1858年夏天的伦敦
散发出一股恶臭，进而
促使当地政府建设污水处
理系统来解决恶臭
和卫生问题。

▶ 约瑟夫·巴瑟杰（Joseph
Bazalgette）是一名英国工
程师，也是当年建造伦敦下
水道的最大功臣，当地政府
建造了铜像来纪念他。

最杰出的下水道——巴黎下水道

巴黎下水道建于13世纪,之后不断地扩建,现全长约2100千米。该下水道规模庞大,犹如一座地下城市,里头运用先进的工程设计将城里的所有污水进行处理,让干净的水排出去。此外,法国政府还把一小部分下水道建成了世界上唯一一座下水道博物馆,供游客们参观。

这里好干净!

法国人将城市污水和雨水完全处理后排出,使当地的河水免受污染!

这个木制大球会随着水滚动,能将下水道里的废物全聚集在球的后方,方便工作人员清理废物。

世界上最先进的排水系统——日本首都圈外郭放水路

日本首都圈外郭放水路是位于地下约50米处,全长约6.3千米的隧道,于2006年完工,目的是为了确保东京地区发生洪水时,能尽快地使洪水从5个竖井流入下水道,再经由巨大的蓄水池——调压水槽把洪水排出,必要时也能充当地下水库。如今开放给公众参观,人们可以一探这一伟大的建筑。

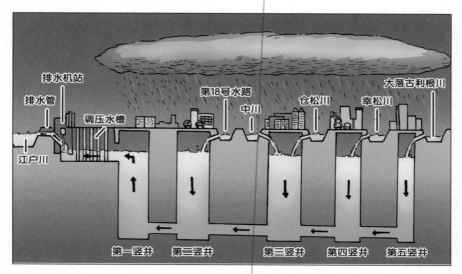

第2章
任务地点是下水道!

博士,到底是怎么回事?

为什么你说的和艾玛局长说的不一样?

我爸爸到底是不是去宇宙旅行了?

嘭!

嘭!

你给我从实招来!

你再不出来,我就拆了这个门!

嘭!

嘭!

老天,救救我吧……

闹够了没?

别管我，你们根本不了解!

谁说我不了解。

我爸爸离开家的时候，我也一直在追问原因，可是妈妈却一直不告诉我。

直到我了解了整件事情后，我开始明白我妈妈的苦衷了。

艾玛局长并没有理由骗你。

可是博士不想说也一定有他的理由。

呼……得救了。

我们一起经历了那么多事情，我希望你能相信达文西博士。

还有相信你的父母！

别忘了，我们背后还有个重大的任务得完成！

我怎么会忘了那个重大的任务呢！

我们先去完成这次的任务，然后再继续拷问博士！

安娜姐，往任务地点出发吧！

没事了？

哄他比哄小孩还容易。

好，"巨石号"飞行模式启动！

咔嚓！

咔嚓！

墨西哥

怎么回事？

这些黑衣人是被地鼠人整得这么惨吗？

难道地鼠人是很强的生物?

绝对不是!

异星百科里有记录,地鼠人的体形娇小,没有伤人的记录,应该不是凶猛的生物。

这些铁栅栏的切口都很整齐。

是什么锋利的东西把铁栅栏切断的呢?是人为的吗?

不太对劲,大家小心一点。

黑衣人交给艾美丽处理。

没问题!

虽然民间也有不少目击案例，但最后都不了了之。

估计是异星调查局封锁了消息吧！

昨天又有人在异星调查局的网站上上传了目击照片，经过调查，极有可能是真的。

异星调查局
TERRAN DEFENDER

世界无奇不有

宁可信其有

哈哈哈，假的！这种事也信！

哈哈哈

各位网友，这是传说中的地鼠人吗？

是猫吧！

所以才会派我们前来执行任务。

这个下水道可不小，我们未必能马上找到他们。

放心！

我带足了粮食，我们可以尽情地在这里探险几天！

原来如此……

等一下，谁叫你带这些东西？你之前是去补充食物还是去补充武器啊？

都有！

有那么多食物也不分一点给我，不讲义气！

有咖喱，要吗？

认真点！我们可不是来度假的！

哇！巨型老鼠！

小尚，是绝版游戏机！

完了，看来真的要在这里过夜了。

我们走了多久啊?

大概一个小时了吧!

连个影子也没看到啊!

嗖!

……

干吗?

好像有东西在我后面跑了过去……

你多心了吧!

不!

好像……真的有东西……

要是老鼠也……太大了吧!

出现了!

看吧!不相信我!

！

啪 沙!

啪 嗪!

终于出现了。

大家先把翻译器戴上吧！

别轻举妄动，
尽量别让他们
产生敌意。

我们是异星
调查局派来的X探
险特工队……

小尚，这翻译器真的能把我们说的话传到他们的大脑里吗？

污水处理

污水处理是对污水进行物理、生物、化学处理，以净化污水，
使污水可以被再次利用，污水处理可以减少污水对环境的污染。
在处理污水的过程中会产生液体废物（经过处理的污水）、固体
废物（经过处理的污泥）和废气。污泥再经过处理后能够制成农业肥料，
而污水经过多重净化后能够用于冲厕、灌溉等。

污水处理系统主要有两种形式，
一种是独立、分散式处理，另一种是集中式处理。

化粪池是最简单的分散式处理形式之一，也是一种小型的污水处理系统，通常在屋
前、屋旁或屋后。经化粪池处理的水，污染程度会降低。

化粪池将污水分格沉淀，污水中的固体废物沉淀后形成污泥和油脂漂浮物，油脂漂浮
物会进一步沉淀，之后才从排水管排出或排放在土壤中。化粪池沉积的污泥每年都要
清理，以免化粪池堵塞。

个人污水管道接入公共污水管道，污水集中送到污水处理站处理。

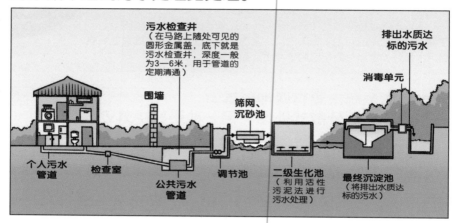

污水检查井
（在马路上随处可见的圆形金属盖，底下就是污水检查井，深度一般为3—6米，用于管道的定期清通）

排出水质达标的污水

消毒单元

围墙

筛网、沉砂池

个人污水管道

检查室

公共污水管道

调节池

二级生化池
（利用活性污泥法进行污水处理）

最终沉淀池
（将排出水质达标的污水）

污水在污水处理站需要经过以下的处理过程：

▶ **一级污水处理**
通过格栅、筛网、沉砂池、初沉池等设施去除污水中的悬浮物、大块固体污染物、沙砾等。

▶ **二级污水处理**
主要利用微生物降解污水中的有机物。

▶ **深度处理和再生处理**
通过生物和化学方法去除营养物质、有毒物质（包括重金属、病原体等），以及进一步去除悬浮物、有机物等。处理后的水可以被再次利用。

目前，我国常用的污水处理是一级、二级处理，对污水再生利用时增加深度处理和再生处理单元。

第3章
下水道里不止是
有地鼠人？

你们冷静点，我们没有恶意！

我们……

……

忍无可忍了!

来互相伤害吧!

啪嚓!

小宇飞腿!

砰!
砰!

胡椒弹!

总算把黑衣人搬回来了。

沙沙

这两个黑衣人也太重了吧!

我总觉得这些黑衣人怪怪的。

你们是派来支援我们的X探险特工队吗?

其他的成员呢?

他们都去下水道寻找地鼠人了。

什么?

不行啊!

那里有只非常危险……

怪物啊！

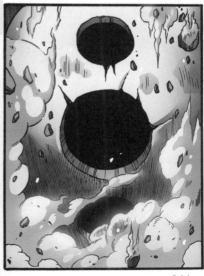

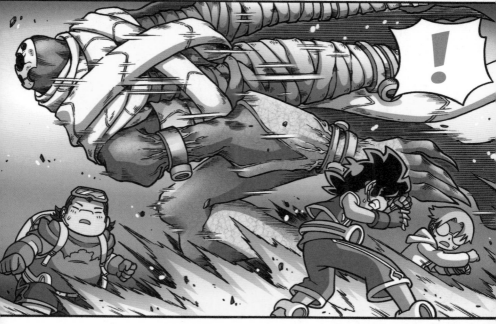

我不会让你伤害他们的！

……

石头，准备炸弹！

没有！

我以为只是简单的任务，所以没带啊！

笨蛋，那我们现在怎么办啊？

你问我也没有用……

安娜姐，还是联系不上他们吗？

不行，下水道里的信号太弱了！

他们只带了一些基本的武器，会不会有危险啊？

小宇……

啪嚓！

啪嚓！

妨碍者，杀！

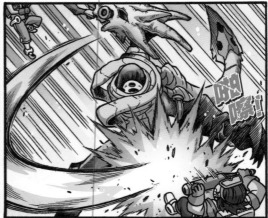

小尚掉进臭水沟里了!

可恶!

啪嚓！

扑通！

啪沙！

呸呸！
脏死了！

更脏的来了！

哇!!

咕噜！

下水道很危险

下水道里狭窄且黑暗，而且里头还有许多有毒气体，会对人体的健康造成伤害。由于下水道是密闭的空间，缺少氧气，一些厌氧细菌将污水中的硫酸盐还原，产生硫化氢，在大气中释放出来就会产生恶臭味。

硫化氢有剧毒，吸入高浓度的硫化氢会对眼、呼吸系统和中枢神经造成影响，严重的话将导致死亡。人体释放的屁中，也有含量极少的硫化氢，所以会有臭臭的味道。

而流向下水道的粪便发酵后，会产生大量的沼气，其主要成分是甲烷。虽然甲烷基本无毒，但会降低空气中的氧含量，让人感到呼吸困难、头晕、乏力等。如果不及时离开现场，会导致窒息死亡。

防毒面具

防化服

氧气筒

防化靴

▶ 在许多大城市中，下水道阻塞后，多半都是由人工进行清理的。但因为下水道中含有混合有毒气体，所以在处理污水的过程中必须极其小心。在一些极具危险性的情况下，必须由专业人员佩戴防护装备才能进入下水道。

下水道也是家

在一些灯火通明的大城市中，有一群人由于各种原因而流浪街头，他们有的住在下水道，在黑暗的过道中度日。由于下水道的环境恶劣，长期住在下水道，有可能引起疾病。

▶ 人类只要长期不晒太阳就会对健康造成危害，例如缺钙、产生抑郁症、皮肤暗沉、影响血液循环等。生活在下水道的人，意志会渐渐被磨灭，最终心理和生理都会产生疾病。

▶ 下水道的环境非常潮湿，长期住在里面的人很容易患上风湿病和关节炎。

▶ 空气不流通，细菌繁殖速度快，病毒传染也特别迅速。

▶ 住在下水道，必须跟蟑螂、老鼠和其他昆虫为伴，而且还要随时面对洪水来临的危机。

第4章
神秘人的目的是什么？

完全联系
不上小宇……

而且他们也
没带上充足的武
器就走了。

天啊！
情况越来越
糟了！

戴安娜
小姐，已经通
知总部请求
支援了。

哦，
谢了！

艾美丽小姐
刚刚出去了，
叫我把这张纸条
交给你。

纸条？

对了，我在里面很无聊，可以拿一些杂志给我看吗?

无聊就给我出来帮忙!臭博士!

啪沙

啪沙

啪沙!

啪沙!

三个傻瓜!

要是你们有什么三长两短的话，我该怎么办!

地鼠人居住的地方。

那他们在哪里？

他们非常怕生，都躲起来了……

醒来就吃……

就在你后面的排水口里。

原来如此。

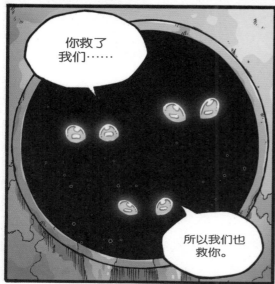

你救了我们……

所以我们也救你。

谢啦，你们为什么会来地球呢？

因为我们的星球灭亡了。

灭亡了？

是的，因为被侵略而灭亡了。

而我们是乘坐其他种族的高科技飞船逃到地球的。

然而在地球上只有这种黑暗的环境才适合我们生存，所以我们才留在这里。

直到某天地球人发现了我们的存在。

从那以后，那些穿黑色衣服的人就一直骚扰我们。

哈哈！那些黑衣人倒是和你们玩了很多年的捉迷藏。

不过黑衣人和我们是一伙的。

什么？

我们是异星调查局派来的X探险特工队，是负责处理外星人事件的地球组织。

我们只是想和你们建立联系，并帮助你们在这里生活！

但这里已经不安全了。

那怪物迟早会找到你们的。

所以请你们相信我！

让我们带你们离开，异星调查局会负责保护你们的！

没错，虽然小宇笨，但一些粗活他还是可以干得好的。

臭小S，你才笨！

……

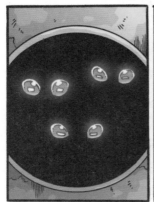

哈哈！这些小瓜很久没这么高兴了。

你是他们的长老吧？你知道那怪物为什么要追杀你们吗？

我也不清楚，昨天我们为了躲避发现我们的地球人，才开始迁移。

可是当我们到达出口时，却被一个穿大衣的神秘人给拦住了。

穿大衣的神秘人？

所以说他才是主谋吗？

他的目的是什么呢？

为了让那怪物捕食？还是因为恩怨？

而且我最在意的是，他到底是不是人类。

是否有什么阴谋正在进行着？

虽然我刚才已经扫描过那个神秘人带来的怪物。

但是异星百科里却完全没有资料。

UNKNOWN

???

UNKNOWN

NO.?

UNKNOWN

看来是未被发现的外星生物。

估计力量跟宇宙蚁狮不相上下……

等级为30左右！

这样的话我们岂不是很危险？

我才不管它的等级是多少！

这些地鼠人又没有做什么坏事，为什么要被袭击？

我小宇向你们保证！

绝不会让那个怪物碰你们一根毫毛！

嘭！

你别突然大喊，吓到他们了。

对了，把破星武者召来不就可以打败它了！

不可能。

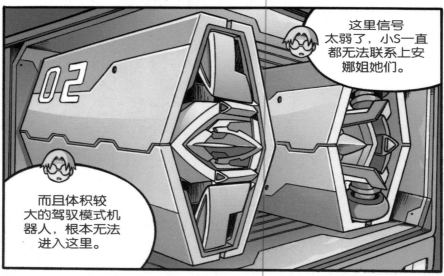

这里信号太弱了，小S一直都无法联系上安娜姐她们。

而且体积较大的驾驭模式机器人，根本无法进入这里。

好怀念以前的破星武者。

现在只能尽快把他们带离下水道。

不行！

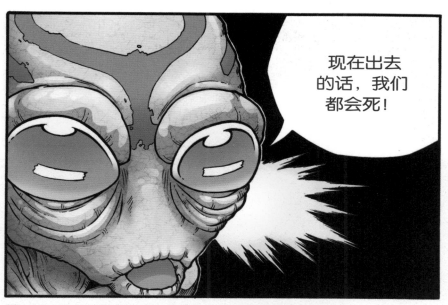

现在出去的话，我们都会死！

我们一族无法暴晒在阳光下，不然会全身灼伤而死，就算是阴天，也会使我们虚弱无力。

紫外线过敏？

所以只有等到晚上才能出去吗？

有没有觉得他们很像吸血鬼？

那个怪物还在这里徘徊呢……

069

活在黑暗中的生物

你是否有想过黑暗的地底下住着一群生物呢？由于地底下的环境
非常恶劣，因此这群生物都形成了一套属于自己的生存规则。我
们现在就来看看它们到底有多神奇吧！

裸鼹鼠

裸鼹鼠是一种真社会性哺乳动物，每一群裸鼹鼠都有一只比较肥胖的王后，而王后的
身边有几只雄鼠，其余的就是工鼠。根据研究，它们能够在恶劣的地下环境里生活，
是因为它们的皮肤没有痛觉、新陈代谢非常慢，而且它们很长寿，即使没有氧气也能
存活18分钟等。

紫蛙

沙漠地鼠龟

紫蛙被发现于印度，属于濒危物种。紫蛙
的身体呈紫灰色，比起其他青蛙，紫蛙
的背腹比较扁平，因此整体看起来比较肥
壮，不过头部却很小，鼻子也较尖。雄性
的身长是雌性的三分之一。它们大部分时
间都在地底下生活，只有在雨季会到陆地
上繁殖。它们主要以白蚁为食。

沙漠地鼠龟分布于美国西南部、墨西哥
西北部的沙漠地带。如果地面温度超过
60摄氏度，沙漠地鼠龟会进入洞穴避
开热气，因此它们一生几乎都在洞穴里
度过。它们能够在缺水的情况下生存1
年。它们的平均寿命为50—80年。

鼹鼠

鼹鼠是一种体长约10厘米的小型哺乳动物。它们的眼睛和耳朵非常小，但拥有一对强而有力的前肢，爪子向外翻，适于挖掘土壤。它们白天躲在地底下生活，主要以昆虫为食。研究表明，鼹鼠的红细胞拥有特殊的血红蛋白，这让它们能够在低氧的环境中生存。

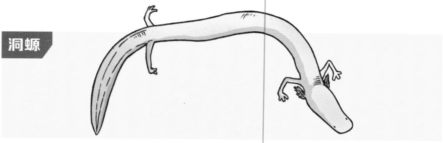

洞螈

洞螈是两栖动物，除了繁殖时，它们一生都在水中度过。它们一般身长20—30厘米。由于洞螈生活在黑暗的洞窟里，导致眼睛退化，而嗅觉和听觉则变得更加敏锐，通过气味，它们能够感知到猎物的情况。洞螈能大量进食，并将营养物质储存于肝脏，当遇到严重缺乏食物的情况，它们会重新吸收其自身组织。根据研究，洞螈没有食物也能活10年。而洞螈的寿命可以超过100年。

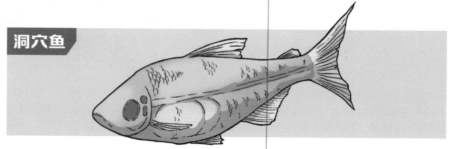

洞穴鱼

体长约10厘米的洞穴鱼长期在黑暗的环境下生活，为了减少能量的消耗，它们的眼睛已经退化。它们的身体呈半透明状，隐约能看到内脏。它们的眼睛看不见东西，但它们布满全身的触觉器却非常灵敏，游泳的时候能感知身体侧面的水压变化，并以此来确定方向，能通过水流的振动来寻找食物。

第5章
永不后退!

啪 沙!

啪 沙!

啪 沙!

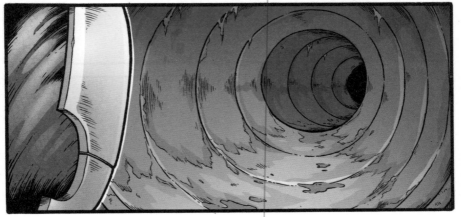

......

还好我尽快离开了排水口……

可恶，为什么总是联系不上小S呢？

呵呵呵，怎么了？小宇，这可是人家的一番好意。

不吃可不太礼貌哟！

这些果实来历不明，不能乱吃。

就算要吃也得先分析一下它的成分才可以。

需要这么小心吗？

小心为妙，我们也不知道这些果实适不适合人类食用。

......

小尚，我觉得你对外星人的事物都很警惕。

是受到了你爸爸的影响吗？

某一方面我是认同我爸爸的。

我没有办法不小心……

可是石头已经在吃了。

好吃！

随便你们，我不管了。

石头，留一点给我！

真好吃！

如果是长在我们的迪克斯星球会更好吃。

我们这一族的战斗力非常弱。

所以星球才会被毁灭，我们才会被别人猎杀。

即使来到了地球，也躲不过这种命运。

......

宇宙中，还有我们可以生存的地方吗？

你叫什么名字?

呃? 我叫楚。

好! 楚, 从现在起,我们就是朋友!

我答应你, 只要有我小宇在,你们绝对可以安全地在地球上生活!

这是身为朋友的承诺,绝不食言!

那也得先逃出这里才行啊!

对了，不能用保护罩护送他们出去吗？

不能，紫外线是无孔不入的，而且只有我们的保护罩，保护不了所有的地鼠人。

现在只能等到晚上，再叫熟悉地形的地鼠人带我们出去。

只要到了外面，就能联系上艾美丽她们了。

只要可以使用机器人，我们就有胜算。

看着吧！楚！这就是X探险特工队的处理方式！

绝不屈服于任何困难，即使是那只怪物现在闯进来……

也绝
不退缩！

真的
出现了……

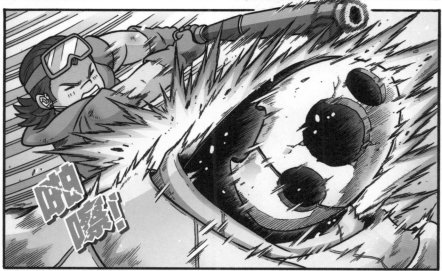

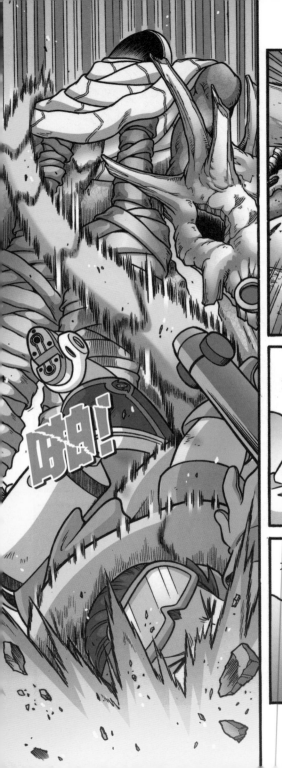

我们的武器对付不了它！

边打边撤退吧！

不行……

楚才离开这里
不久……

边打边
撤退只会让它
更有机会捉
到他们。

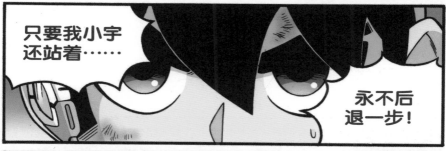

只要我小宇
还站着……

永不后
退一步!

快逃,
不然被捉到
就完了!

……

啪
沙!

啪
沙!

先放了我!

087

我绝对不会让我的朋友受到伤害！

长老，我不想逃了。

我们已经逃了很久。

我不想再当懦夫。

楚，别乱来啊！

外太空有什么？

▶ 宇航员在外太空会有失重的感觉，感觉像在深水中，他们会悬浮着飘来飘去。

▶ 外太空没有空气（真空），人无法呼吸，也听不见声音。

救命啊！

▶ "卡门线"是地球大气层和外太空的分界线，位于地表100千米处，它以上的空间是外太空。

外太空

卡门线

大气层

100千米

地球

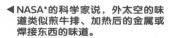

◀NASA*的科学家说，外太空的味道类似煎牛排、加热后的金属或焊接东西的味道。

*NASA：美国国家航空航天局

天体简介

彗星

▶ 彗星是会围绕太阳运动的星体，以冰和岩石构成，受太阳影响而形成形状像扫帚一样的尾巴，因此也被称为"扫帚星"。有一个彗星大约每隔76年会造访地球一次，它就是"哈雷彗星"！

小行星

▶ 小行星是比一般行星小得多的岩石块，有很多聚集在火星和木星轨道之间。

流星

快许愿！

▶ 小行星若被地球磁场吸引，与大气层摩擦后燃烧发光，我们称它为"流星"。

陨石

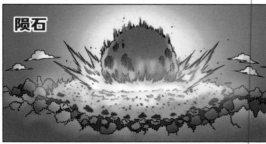

▶ 没有燃烧完毕就掉落在地面的流星，我们称它为"陨石"。少数巨大的陨石撞击地面，威力十足而形成的坑洞，我们称之为"陨石坑"。

第6章
艾美丽来了!

给我
乖乖地站在
原地！

尝尝我的
麻痹弹吧！

成功了！

呜……

咻！

咻！

啪咔！

啪嚓！

变形了？

艾美丽，
你快躲起来！

小心,它用后肢加强了威力!

嗖!

啪嗒!

啪嗒!

啪嗒!

太阳系是什么？

古人认为地球处于宇宙的中心，而太阳和其他行星都围绕着地球运转，即"地心说"。事实上，地球围绕着太阳运转，而没有人知道宇宙的中心在哪里。

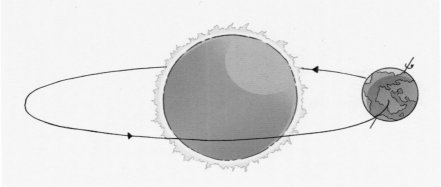

除了地球，还有一些行星以太阳为中心运转，组成了"太阳系"。

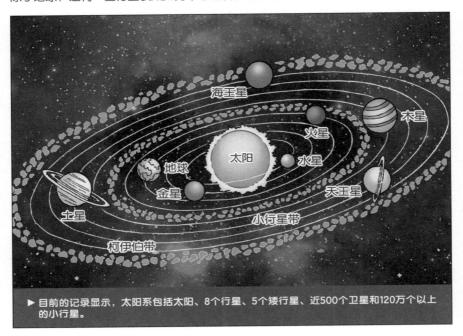

▶ 目前的记录显示，太阳系包括太阳、8个行星、5个矮行星、近500个卫星和120万个以上的小行星。

引力

▶ "引力"能使我们在走路时脚紧贴着地面,能使抛出去的物体往下掉。

▶ 首位发现"引力"的人是英国物理学家牛顿,据说是因为他当时被一个苹果砸到了。

有质量的物体都具有"引力",包括太阳和行星。太阳的引力使太阳系内的行星固定且有秩序地在各自的轨道上运行。如果引力消失,以下情况可能会发生。

▶ 大气层散去,生物飘浮在真空中而死亡。

▶ 地球分裂、爆炸,在宇宙中飘散。

第7章
就地取材的炸药!

那就是地鼠人吗?

笨蛋······
你······怎么
回来了?

啪!

啪!

怪物,
不准伤害我
的朋友!

地鼠人被抓走了?

可恶的家伙!

啪嚓!

小宇，那地鼠人可能还没毙命，我们还有机会救他!

知道了，我不会让它捉走楚的!

话虽如此，但这怪物的皮肤硬如钢铁……

就算是用炸弹也不可能击倒它。

如果有更强的武器的话……

好臭……

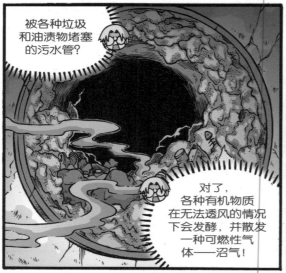

被各种垃圾和油渍物堵塞的污水管?

对了，各种有机物质在无法透风的情况下会发酵，并散发一种可燃性气体——沼气!

就是这个!

只要善于利用它，威力可以超越炸弹!

小宇，退后!我有办法对付它!

小尚，你的投掷技术太差了！

别管了，留心听我说话！

？

……

什么？只需一点火花就能引起强烈爆炸！

只好试试了！准备吧！

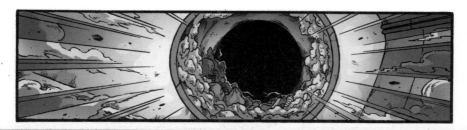

啪嚓！

它用后肢撑住了！

可恶，只差一点……

这样我就救不了楚了……

大家小心，别丢中了地球朋友！

喂！金子别乱丢，给我！

怪物撑不住了！

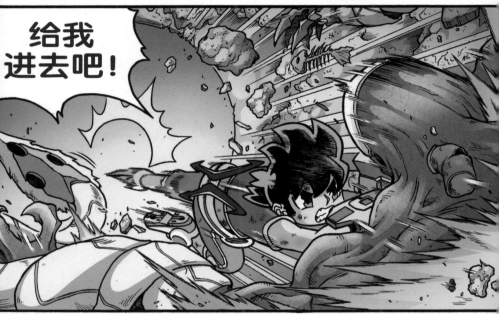

给我进去吧！

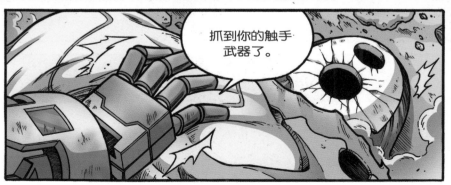

抓到你的触手武器了。

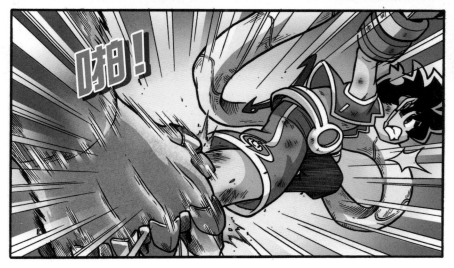

122

小宇用回旋镖摩擦出了火花!

墨西哥X档案

巴尼拉观测

1883年8月12日，墨西哥天文学家巴尼拉（José Arboly Bonilla）在萨卡特卡斯州天文台观测太阳黑子活动时，发现许多不明飞行物体穿过太阳，并拍摄了多张相关的照片。而这些有可能是人类历史上第一次拍摄到关于UFO的照片了。

▶ 巴尼拉是当时萨卡特卡斯州天文台的主任，他在这里观察并拍摄了相关的照片。

有人猜测照片中的物体是外星人的宇宙飞船，但大多数人认为是一群鸟儿飞过或是尘埃团的照片。直到2011年，墨西哥国立自治大学研究人员表示，这些不明飞行物体可能是距离地球100千米范围内的彗星碎片。

这些不明物体非常大，直径从50米到800米，估计重达10亿吨，几乎与哈雷彗星的大小相同。专家推测，如果这些碎片撞向地球，就相当于3275个通古斯大爆炸的破坏力，可能导致地球毁灭！

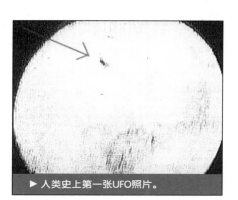

▶ 人类史上第一张UFO照片。

通古斯大爆炸，1908年发生在俄罗斯通古斯河附近，一个陨石在距离地表6千米至10千米的上空爆炸，估计当时爆炸的威力相当于2千万吨TNT（三硝基甲苯）炸药，造成8千万棵树木被烧毁。

幸好这些不明物体没有撞向地球，不然地球在1883年就已经毁灭了！

外星人曾到过墨西哥？

近年来，一些探险家在墨西哥的历史古城里或洞穴里发现了不少文物，上面竟然雕刻着外星人、宇宙飞船等图案。据研究，这些文物已经有数千年的历史了，如今陆续出土，被认为是外星人到过地球的证据。

墨西哥的卡拉克穆尔是玛雅文明时期重要的城邦之一，在其遗址挖掘出的文物让许多人怀疑当时的玛雅人可能与外星人接触过。

▶ 这些被挖掘出来的石块上描绘着地球和大气层、彗星或小行星、宇宙飞船和太空人。

在墨西哥普埃布拉州和韦拉克鲁斯州边界附近一个隐蔽的洞穴中，也同样发现了雕刻着外星人的神秘文物。

▶ 依文物上外星人的外形来看，当时的人们描绘的应该是"小灰人"。

墨西哥不时会发生外星人事件。就如1991年7月11日，墨西哥城出现日全食，天空中突然出现一颗发光的圆盘物体，被许多人拍了下来，造成极大的轰动。

不过，有天文学家证实人们拍到的是金星，所以外星人是否真的来过，至今众说纷纭。

第8章
怪物的触手不是武器？

127

太好了!

幸好我及时启动了保护罩。

趁现在救楚
出来！

嗖！

嗖！

逃走了!

咔嚓!

可恶!

我太没用了!

我救不了楚,对不起……

你在说什么呢?

楚不就在这里吗？

吓？

你不是被那个触手吞进去了吗？

它只吞掉了我的皮而已。

我们这一族都有脱皮逃生的能力。

可是脱完皮后需要一段时间才能恢复正常的形态。

原来如此，异星百科里那张地鼠人的照片其实只是他们脱下来的皮。

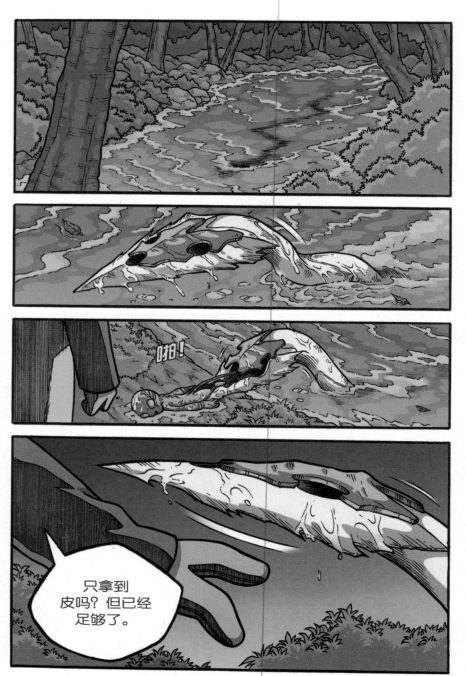

地鼠人已经送去异星调查局了，相信他们会得到妥善的安排。

太好了！但愿他们不必再流离失所。

有拜托局里的人调查一下地鼠人长老说的神秘人吗？

噜，这是之前黑衣人拍到的照片。

那个怪物确实是跟随一个神秘人来的。

异星调查局怀疑他可能跟宇宙蚁狮有关联。

我们送去化验的宇宙蚁狮包括它的卵，并没有发现什么可疑之处，这反而更奇怪。

我给你们看一张照片，这是在宇宙蚁狮事件的前几天拍的。

我把照片放大，你们注意看在山坡上的那个人。

他衣服上的装饰是不是跟神秘人的非常相似？

难道是他们把卵放在沙漠里的?

没错,而且是经过了精心的策划。

宇宙蚁狮、追杀地鼠人……他们觉得伤害人很好玩吗?

我已经决定好下一个任务了,那就是……

逮捕神秘人并教训他一顿!

139

哦？任务地点就在X基地附近。

达文西……

博士，是时候出来受刑了！

我已经准备了一百种方法对付你！

不想受罪就告诉我！我爸爸是失踪了还是去宇宙旅行？

石头，你在吃什么恶心的东西？

是地鼠人朋友送的水果。

对了，我们是不是忘了什么东西呢？

臭小宇，快来救我啊！

142

异星狩猎者·完

神秘巨大的图案——麦田圈

麦田圈是在麦田或其他农田上，通过某种力量把农作物压平而产生的几何图案。自20世纪80年代初，英国频频出现麦田圈后，神秘的麦田圈不断地在世界各地出现。直到现在，科学家对麦田圈的形成一直存在争议，所以有了人为、外星人制造等几种说法。

人为说

专家经过长时间研究，发现有80%的麦田圈是人类利用木板压成的。1991年，英国人戴维·车利（Dave Chorley）和道格·鲍尔（Doug Bower）曾出面宣称1978—1991年他们共制作了超过200个麦田圈。

外星人制造说

有人认为麦田圈是一夜之间形成的，甚至只需几十秒的时间就能制作出来，很有可能是外星人的杰作。

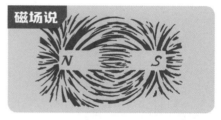

磁场说

经研究后，科学家发现大部分麦田圈附近有高压电线，可以产生磁场释放出电流，将农作物击倒形成麦田圈。

龙卷风说

麦田圈常出现在山边或靠近山的地方，而夏天也是麦田圈出现最多的季节。夏天的天气变化无常，所以有人认为龙卷风可能会形成麦田圈。

预言说

海啸来了，快逃！

有人相信麦田圈拥有神秘的力量，一夜之间出现的麦田圈可能预示着将有灾难发生。

虽然绝大部分的麦田圈是人为制造出来的，但还是有小部分的麦田圈被怀疑是某种力量造成的，以下归纳出真实的麦田圈的特征。

▶ 麦田圈里的表层土壤中含有磁性的小颗粒，只能在显微镜下才能看到。

▶ 麦子按照一个方向顺势倾倒，呈规则的螺旋状，麦秆还可以持续生长，没有完全断裂。

▶ 麦田圈的图形和分隔完美精准，而且形状一定是圆形或椭圆形，即使有直线或曲线的图案，也一定跟圆形图案有关。

▶ 多数在晚上形成，而且形成时间短，从未有半成品或未完成的图案。在麦田附近找不到任何关于人类、动物或机械的痕迹。

英国南部威尔特郡是麦田圈最多的地方，以下是出现在当地，被认为有可能是由外星人制作的麦田圈。

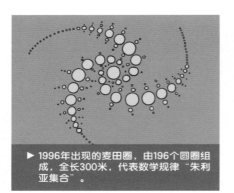

▶ 1996年出现的麦田圈，由196个圆圈组成，全长300米，代表数学规律"朱利亚集合"。

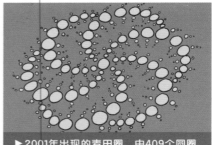

▶ 2001年出现的麦田圈，由409个圆圈组成，直径约238米，有人认为它代表一个星系。

▶ 2007年出现的麦田圈，内部由18个立方体组成，代表的是"梅塔特隆立方体"。

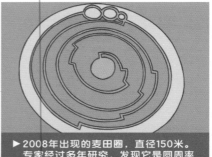

▶ 2008年出现的麦田圈，直径150米。专家经过多年研究，发现它是圆周率的一种编码形式。

习题

这些题目
难不倒我！

习题

01

下水道的作用是什么？（　　）

I 排出污水
II 排出雨水
III 排出海水

A. I 与II　　　　B. II 与III　　　　C. I、II 与III

02

世界上最先进的排水系统位于哪里？（　　）

A. 巴黎　　　　B. 日本　　　　C. 伦敦

03

污水处理的过程中所产生的污泥，经过加工后能制成什么？（　　）

A. 农业泥土　　　　B. 农业农药　　　　C. 农业肥料

04

下水道里所产生的（　　）有剧毒，会对中枢神经造成伤害。

A. 二氧化碳　　　　B. 硫化氢　　　　C. 甲烷

05

居住在下水道的人很容易患上什么疾病？（　　）

I 关节炎和风湿病
II 抑郁症
III 病毒感染

A. I 与II　　　　B. II 与III　　　　C. I、II 与III

06

为什么裸鼹鼠能够生活在环境恶劣的地下？（　　）

I 皮肤没有痛觉
II 新陈代谢慢
III 不喜欢阳光

A. I 与II　　　　B. II 与III　　　　C. I、II 与III

07

下面哪一种生物会在缺乏食物的情况下，吸收自身的组织？（　　）

A. 洞螈　　　　B. 洞蛇　　　　C. 洞鱼

08

地球大气层和外太空的分界线称为（　　）。

A. 卡门线　　　　B. 卡宇线　　　　C. 卡天线

09

外太空没有空气，因此人类（　　）和（　　）。

A. 无法呼吸、吃不到食物

B. 无法呼吸、看不见阳光

C. 无法呼吸、听不见声音

10

"流星"是怎么形成的？（　　）

A. 小行星与大气层摩擦后燃烧发光而形成的

B. 小行星受太阳影响而形成的

C. 小行星与地球碰撞而形成的

11

是谁发现了"引力"？（　　）

A. 贝多芬　　　　B. 牛顿　　　　C. 霍金

12

太阳系中的八大行星按顺序排列，分别是水星、金星、（　　）、
（　　）、水星、（　　）、（　　）、海王星。

A. 火星、地球、土星、天王星

B. 地球、火星、土星、天王星

C. 地球、土星、火星、天王星

答案

01. **A**	02. **B**	03. **C**	04. **B**
05. **C**	06. **A**	07. **A**	08. **A**
09. **C**	10. **A**	11. **B**	12. **B**

答对10—12题

像我这么聪明，真难得！继续努力吧！

答对7—9题

我不相信！我要重做一次！

答对4—6题

让我再读一次这本书！

答对0—3题

呜呜呜……我错了，是我不够用功……